Daniela Bablick

55

Stundeneinstiege Biologie

einfach, kreativ, motivierend

6. Auflage 2023

Autor*innen: Daniela Bablick
Illustrationen: Daniela Bablick, Steffen Jähde, Hendrick Kranenberg, Thorsten Trantow
Umschlagfoto: Fotolia
Satz: krauß-verlagsservice, Wassertrüdingen
Druck und Bindung: Korrekt Nyomdaipari Kft.
ISBN 978-3-403-**06690**-3

www.auer-verlag.de

Wie fange ich bloß an?

Oft sitzt man vor einer Stundenausarbeitung und weiß genau, was das Thema der Stunde ist, was erarbeitet werden soll, und stößt zuletzt auf die immer wiederkehrende Frage: Aber wie fange ich die Stunde an?

Stundeneinstiege sollen abwechslungsreich und motivierend sein, je nach Stunde wiederholenden oder einführenden Charakter haben, schülerorientiert sein und vor allem nicht zu lang! Am Einstieg baut sich die Stunde auf, er entscheidet, ob die Schüler[1] sich für das Thema zu interessieren beginnen oder nicht. Keine Frage, dass es schwer ist, sich immer wieder „etwas Neues" auszudenken, um die Schüler zu fesseln.

Eins ist jedoch sicher: Mit Fragen wie „Was haben wir letzte Stunde gemacht?" oder einfach der Tatsache „Heute sprechen wir über …" bewirkt man nur eine Reaktion: Unaufmerksamkeit. Ziel des Einstieges ist es, die Neugier der Schüler zu wecken, der Schüler soll sich selbst Fragen stellen und etwas wissen **wollen**!

Dieser Band enthält eine Sammlung von Unterrichtseinstiegen, die zum Ausprobieren, Variieren und Weiterentwickeln anregen sollen. Durch ihre Übersichtlichkeit finden Sie schnell den passenden Einstieg für Ihre Stunde bzw. Anregungen, um Ihren individuellen, für die Klasse zugeschnittenen Einstieg zu kreieren.

Der Aufbau der Handreichung

Die Handreichung bietet einen Ideenpool, der nach folgenden Kapiteln gegliedert ist:

- Erstes Kapitel „**Macht des Bildes**": Sicher kann man einfach ein Bild zeigen. Aber es gibt viele Varianten, dies zu tun! In diesem Kapitel finden Sie verschiedenste Möglichkeiten, mit Bildern zu arbeiten.
- Zweites Kapitel „**Macht des Wortes**": Einzelne Buchstaben, Begriffe oder Sätze spielen hier eine große Rolle.
- Drittes Kapitel „**Spiele**": In entspannter Atmosphäre wird hier spielerisch wiederholt, erklärt, abgefragt und Wissen verknüpft.
- Viertes Kapitel „**Mit allen Sinnen**": Je mehr Sinne wahrnehmen, desto leichter lernt man. Solche Einstiege bleiben Ihren Schülern auf jeden Fall im Gedächtnis.
- Fünftes Kapitel „**Vermischtes**": Hier finden Sie weitere wichtige Einstiegsideen.

[1] Wenn in diesem Buch vom Schüler gesprochen wird, ist auch immer die Schülerin gemeint. Ebenso verhält es sich mit Lehrer und Lehrerin.

Für bestimmte, wiederkehrende Begriffe wurden zur besseren Orientierung Icons verwendet:

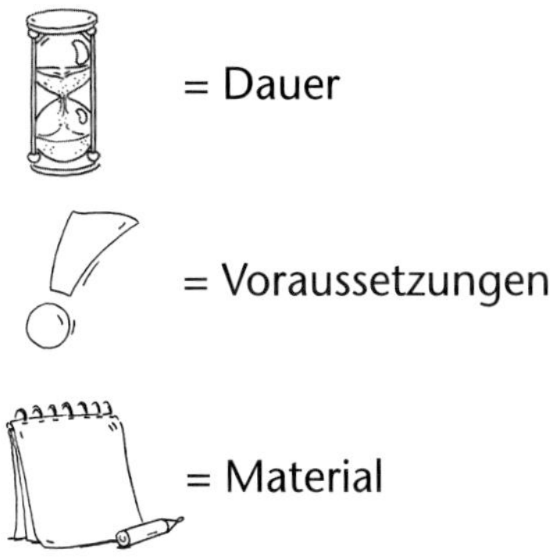

Bei den **Voraussetzungen** finden Sie folgende Hinweise:

- Keine besonderen Voraussetzungen (für Einstiege in neue Unterrichtssequenzen)
- Vorwissen aus der letzten Stunde/Wissen zum aktuellen Thema/Grundwissen (für Stundeneinstiege zur Wiederholung der letzten Stunde oder der Unterrichtssequenz)

Benötigte **Materialien** sind angegeben, bei einigen Spielen und Versuchen ist Zeit zum Vorbereiten einzuplanen.

Mit Ausnahme einiger weniger Beispiele beanspruchen diese Einstiege meist 5–10 Minuten, die je nach Organisation, Klassenstärke, Wissen und Disziplin der Klasse variieren können.

Die **Hinweise zur Durchführung** sind möglichst knapp gehalten und werden in den meisten Fällen durch konkrete Beispiele gestützt, die aufzeigen, zu welchen Themen Sie diese Methode verwenden können. Unter **Weitere Hinweise** finden sich Tipps zur Durchführung oder Anregungen zur Abwandlung der jeweiligen Einstiege. Auch Vorschläge zum weiteren Gestalten der Unterrichtsstunden sind hier aufgelistet.

Die Rubrik **Beispiele** zeigt Ihnen Vorschläge auf, zu welchen Themen sich die entsprechenden Methoden besonders eignen.

Zum leichteren Wiederauffinden bestimmter Stundeneinstiege sind im **Index** (S. 62) alle Stundeneinstiege in alphabetischer Reihenfolge aufgelistet.

keine besonderen Voraussetzungen; als Wiederholung: Wissen zum aktuellen Thema

Overheadprojektor, Fotos oder Zeichnungen von Tieren, Pflanzen oder Phänomenen auf Folie kopiert

Durchführung:

- Lehrer legt das Bild kommentarlos auf den Overheadprojektor (stummer Impuls).
- Schüler rufen sich gegenseitig auf und sammeln ihr gesamtes Vorwissen zu diesem Bild.

Beispiele:

1. Bild vom Hecht als Einstieg zum Thema Fische:

   Mögliche Schüleräußerungen: Das ist ein Fisch. Fische leben im Wasser. Sie atmen mit Kiemen. Das ist ein Raubfisch. Es gibt Süß- und Salzwasserfische. …

2. Bild vom Hecht als Wiederholung der letzten Stunde:

   Mögliche Schüleräußerungen: Das ist ein Hecht. Er gehört zu den Süßwasserfischen und ist ein Raubfisch. Fische haben Flossen, Kiemen, eine Schwimmblase, Schuppen, ein Seitenlinienorgan, …
   (Schüler zeigen jeweils auf die genannten Organe bzw. Teile des Körpers.)

Weitere Hinweise:

Der Einstieg eignet sich sowohl als Hinführung zu einem neuen Thema als auch zur Wiederholung der letzten Stunde (hier kann man die Schüler am Bild das Erlernte erklären und zeigen lassen).

Am besten eignen sich farbige Bilder, v. a. zur genaueren Bestimmung eines Tieres (z. B. Vögel).

Halten Sie ein paar Impulse bereit, falls den Schülern nach zwei Sätzen nichts mehr einfällt. (Achtung: Keine W-Fragen! Besser: „Du kennst sicherlich noch einige Merkmale der Fische!") Anschließend kann man mithilfe einer Frage zum Stundenthema überleiten, woraufhin die Schüler Vermutungen anstellen. Ebenso können die Schülerfragen gesammelt und dann in der Stunde die Antworten dazu erarbeitet werden.

keine besonderen Voraussetzungen

Overheadprojektor, vergrößerte Ausschnitte von Fotos oder Zeichnungen (von Tieren, Pflanzen oder Organen) auf Folie kopiert

Durchführung:

- Lehrer legt das Bild kommentarlos auf den Overheadprojektor (stummer Impuls).
- Schüler rufen sich gegenseitig auf und müssen erraten, zu welchem Tier/Pflanze/Organ dieser Ausschnitt gehört.
- Anschließend kann Vorwissen zum Thema gesammelt werden.

Beispiele:

1. Großaufnahme von Lungenbläschen

   Zuerst raten die Schüler ohne einen Kommentar des Lehrers. Sollten die Schüler gar nicht auf die Lösung kommen, kann der Lehrer Hinweise geben: „Jeder Mensch hat das." – „Es ist ein wichtiges Organ." – Nach der Auflösung fährt man mit der Sammlung von Vorwissen über die Lunge, der Nennung des Stundenthemas, Vermutungen usw. fort.

2. Bild vom Querschnitt eines Stängels

   Wie oben. Hinweise des Lehrers können sein: „Es ist weder Mensch noch Tier." – „Es ist ein bestimmter Teil einer Pflanze."

3. Aufnahme der Herzkranzgefäße

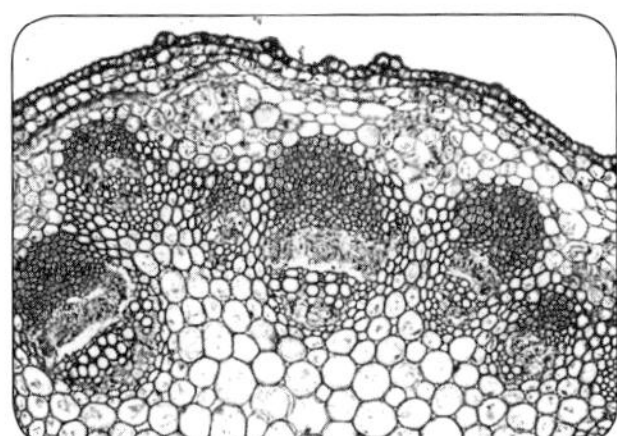

Querschnitt eines Stängels

Weitere Hinweise:

Ermutigen Sie die Schüler, ihre Vermutungen zu begründen.
Der Einstieg eignet sich gut zur Hinführung auf ein neues Thema.

keine besonderen Voraussetzungen

Overheadprojektor, Ausschnitt eines Bildes (oder kleine Blätter zum Abdecken)

Durchführung:

- Lehrer legt das Bild kommentarlos auf den Overheadprojektor (stummer Impuls).
- Das Bild zeigt nur einen Teil eines Tierkörpers, einer Pflanze oder eines menschlichen Körperteils (entsprechend abdecken).
- Schüler rufen sich gegenseitig auf und vermuten, zu welchem Tier, welcher Pflanze oder welchem Körperteil dieser Ausschnitt gehört.
- Anschließend kann Vorwissen zum Thema gesammelt werden.

Beispiele:

1. Das menschliche Auge

Lehrer legt Bild eines Libellenkopfes auf; alle Teile des Kopfes sind verdeckt, sodass nur noch ein Auge zu sehen ist. Die Schüler äußern sich dazu. Sie stellen fest, dass es sich um ein Insektenauge handelt, und erklären, warum sie es als solches erkannt haben. Nun kann der Lehrer das Bild aufdecken, sodass die Schüler den kompletten Kopf der Libelle sehen können. Der Lehrerimpuls „Normalerweise sieht ein Auge anders aus!" leitet eine Sammlung des Vorwissens sowie das Thema „Aufbau des menschlichen Auges" ein. Am Ende der Stunde können noch mal verschiedene Augentypen verglichen werden.

2. Unterscheidung von verschiedenen Laub- und Nadelbäumen

Zeigen eines Bildes von einem Laubbaumblatt oder der Rinde (z. B. Birke, Buche, Ahorn, Eiche)

3. Schweif, Schwanz, Pfote, Huf, Hals oder besondere Fellzeichnung eines Tieres

Weitere Hinweise:

Zur Sicherung am Ende der Stunde eignen sich weitere Bildausschnitte zum Vergleich. Hierbei werden Fachbegriffe wiederholt.

1.4 Wolpertinger

keine besonderen Voraussetzungen

Overheadprojektor, Folie mit Bild eines Tieres, das aus mehreren Tieren zusammengesetzt ist (dabei sollten alle Tiere außer eines zu einem Thema passen, z. B. Säugetiere, Fleischfresser, Lungenatmer, ...)

Durchführung:

- Lehrer legt das Bild kommentarlos auf den Overheadprojektor (stummer Impuls).
- Schüler rufen sich gegenseitig auf, nennen alle Tiere, die sie in dem Bild erkennen, und versuchen, das Tier herauszufinden, das nicht in die Reihe passt. Anschießend begründen sie ihre Entscheidung.
- Dann kann Vorwissen zum Thema gesammelt werden.

Beispiel:

Thema: Merkmale von Säugetieren/Vögeln

Mischung aus Katze, Hase, Hirsch und Rebhuhn

Säugetiere – Vogel

Weitere Hinweise:

Suchen Sie im Internet nach geeigneten Bildern.

Artenkenntnis

Overheadprojektor, Folie mit Fehlerbild (Pflanze mit falschen Blättern, Vogel mit falschem Schnabel oder Fuß, ...)

Durchführung:

- Lehrer legt das Bild kommentarlos auf den Overheadprojektor (stummer Impuls).
- Die Schüler suchen die falsche Stelle und begründen, warum diese nicht zum restlichen Tier oder zur Pflanze passt.

Beispiele:

1. Der Spitzwegerich: Suche den Fehler, der sich im Bild versteckt!

   Lösung: Der Blütenstand beim Spitzwegerich ist kürzer und rundlicher. Dies ist der Blütenstand des Breitwegerichs, der aber im Vergleich zum Spitzwegerich viel breitere und kürzere Blätter besitzt.

   Überleitung zu folgenden Stundenthemen: Wie ist eine Pflanze aufgebaut? Wozu brauchen Pflanzen Blüten? Welche verschiedenen Blütenstände gibt es?

2. Weitere Ideen:

- Ente mit Greifvogelfüßen
- Specht mit Amselschnabel
- Panther mit Schwanz von einem Luchs
- Kuh mit Hufen eines Pferdes
- Delfin mit Schwanzflosse eines Hais
- Bei Pflanzen: Blätter, Blütenstand oder Wurzeln verändern

Weitere Hinweise:

Der Einstieg eignet sich bei Themen zur Bestimmung von Pflanzen, Vögeln, Insekten usw., aber auch, wenn man die einzelnen Teile der Pflanze sowie Funktionen des „falschen Organs" besprechen will. Die Methode schult genaues Beobachten und Beschreiben.

Schwarz-Weiß-Zeichnungen sind am einfachsten zu manipulieren.
Der Schwierigkeitsgrad kann je nach Zeichnung variiert werden.

keine besonderen Voraussetzungen

Overheadprojektor, Blätter von Bäumen, Büschen und/oder krautigen Pflanzen, Petrischale mit kleinen Wassertierchen (verwendet werden kann alles, was auf dem Projektor einen schönen Schatten wirft, sodass man die Art der Pflanze oder des Tieres bestimmen kann)

Durchführung:

- Lehrer legt das Objekt (originaler Gegenstand oder in der gewünschten Form ausgeschnittenes Papier) als stummen Impuls kommentarlos auf den Overheadprojektor.
- Schüler rufen sich gegenseitig auf, beschreiben, was sie sehen, und bestimmen, falls möglich.

Beispiele:

1. Laubbäume

   Blätter verschiedener Laubbäume (Eiche, Ahorn, Buche, Birke, ...) auf den Projektor legen. Blätter, die sich sehr ähnlich sehen, gleichzeitig auflegen, um besser vergleichen zu können.

2. Flugbilder von verschiedenen Vögeln

   Die Form verschiedener Flugbilder (Gans, Bussard, Sperber, ...) auf Papier zeichnen und ausschneiden. Diese auf den Projektor legen und beschreiben, eventuell bestimmen lassen.

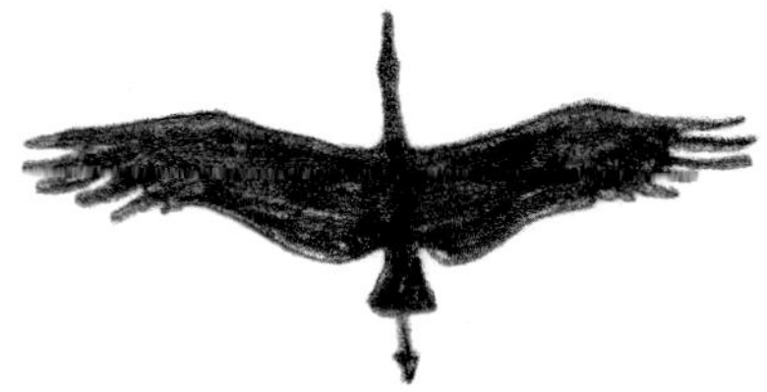

Flugbild eines Weißstorchs

Weitere Hinweise:

Die Objekte müssen einen eindeutigen Schatten hinterlassen, eventuell den Projektor verschieben, um den Schatten zu vergrößern.

Bei Schattenbildern von lebenden Kleintieren in einer Petrischale kann man kleine „Gefängnisse" (z. B. aus Grashalmen) bauen, damit die Tierchen sich nicht zu schnell bewegen können.

keine besonderen Voraussetzungen

Overheadprojektor, Bild mit vielen Details

Durchführung:

- Lehrer legt ein detailreiches Bild auf den Overheadprojektor.
- Schüler haben ca. eine Minute Zeit, sich das Bild anzuschauen und sich so viele Details wie möglich zu merken.
- Lehrer schaltet den Projektor aus.
- Schüler rufen sich gegenseitig auf und versuchen, so viele Einzelheiten wie möglich zu beschreiben.

Beispiel:

Thema: Leben im und am Gewässer

Bild eines Teiches mit vielen Pflanzen und Tieren. Schüler beschreiben, was sie gesehen haben.

- Welche Tiere sie erkannt haben, warum es gerade dieses Tier/diese Pflanze ist, das an diesem Ort lebt/wächst.
- Welche Beziehungen die Tiere/Pflanzen untereinander haben.
- Bei unbekannten Tieren oder Pflanzen beschreiben die Schüler das Aussehen. („Ich habe ein Tier gesehen, das etwa so groß ist wie eine Mücke, es hat sechs lange Beine, einen schmalen Körper, ...)
- Schüler vermuten auch, in welcher Aktion die Tiere gerade waren und was sie dazu wissen. („Da war ein Grasfrosch auf einem Seerosenblatt, der gerade dabei war, nach einer Fliege zu schnappen. Frösche haben nämlich eine klebrige Zunge, die sie blitzschnell ausrollen können.")

Weitere Hinweise:

Der Einstieg schult das Gedächtnis, das genaue Hinsehen und Beschreiben. Ökosysteme, wie Teich, Meer, Boden, Wald, Wiese, Baum usw., lassen sich auf diese Weise gut einführen.
Weiterhin eignet er sich auch zur Erklärung des Begriffes „Nische" und gibt Beispiele.

 keine besonderen Voraussetzungen

 Tablet mit Beamer, digitale Tafel o. Ä, Ausschnitt eines Filmes

Durchführung:

- Lehrer zeigt einen kurzen Ausschnitt eines Filmes, der eine Frage oder ein Problem aufwirft.
- Schüler fassen zusammen, was sie gesehen haben, finden Problem- oder Fragestellung der Stunde, sammeln Vorwissen, ...

Beispiele:

1. Film ohne Ton zeigen (Filme unter https://www.eduflat.de)

   Beispiel „Der Mensch – Der Kreislauf" (2005): Zeigen Sie die schematische Darstellung des Kreislaufes einmal, damit sich die Schüler orientieren können. Beim zweiten Mal sollen die Schüler erklären, was auf dem Bildschirm passiert, die einzelnen Teilchen und Vorgänge benennen. (zur Wiederholung)

   Beispiel „Ökosystem Wiese" (2007): Zeigen Sie einen Ausschnitt, in dem man die Wiese und einige Bienen, Heuschrecken usw. in Nahansicht sieht. Nach ein paar Minuten stoppen Sie den Film und lassen die Schüler erzählen, was sie gesehen haben. Gehen Sie auch auf Fragen ein wie: „Was hättest du gehört, gerochen, gefühlt, wenn du im Film gewesen wärst?" (zum Einstieg in ein neues Thema)

2. Ton ohne Film zeigen

   „Die letzten Drachen" (2004) oder „Blauwale – Giganten der Meere" (2009): Zeigen Sie kommentarlos einen Ausschnitt, in dem Geräusche des Tieres zu hören sind. Variante: Finden Sie einen guten Ausschnitt, in dem der Kommentator das Tier selbst, dessen Verhalten oder Besonderheiten beschreibt und erklärt, ohne das Tier zu nennen. Die Aufgabe der Schüler ist es, das Tier zu erraten.

Weitere Hinweise:

Achten Sie darauf, dass der Filmausschnitt nicht zu lang ist und das Wesentliche, auf das man hinauswill, gezeigt bzw. eine Frage aufgeworfen wird.

beschriebene Begriffe müssen bekannt sein

Schüler: Stifte und Zettel

Durchführung:

- Lehrer beschreibt Tier/Pflanze/Organ, ohne dessen Namen zu nennen.
- Schüler zeichnen das Objekt laut der Beschreibung.
- Anhand der Zeichnung und der Beschreibung erraten die Schüler, worum es sich handelt.

Beispiele:

1. „Ich bin ca. 10 bis 30 cm groß, habe zwei elliptische Blätter, die sich genau gegenüberstehen, mein Stängel hängt auf eine Seite. An seinem Ende befinden sich meine Blüten, die traubenartig angeordnet sind. Meine Blüten sind nach unten geöffnet, kugelförmig und die Enden der weißen Kronblätter sind nach oben gebogen. Ich blühe von Mai bis Juni. Mein Name fängt mit einem bestimmten Monat an. Meine roten Beeren sind giftig."
   (Lösung: Maiglöckchen)
2. „Ich habe zwei Füße mit Haut zwischen den Zehen. Ich habe einen rundlichen Körper und einen langen Hals. Mein Mund besteht aus zwei harten Hornplatten. Auf meinem Gesicht habe ich eine Art Maske …"
   (Lösung: Höckerschwan)

Weitere Hinweise:

Die bei der Beschreibung verwendeten Wörter müssen den Schülern bekannt (z. B.: *elliptisch, traubenartig, …*) und der Text ihrem Sprachniveau angepasst sein.

keine besonderen Voraussetzungen

Schüler: Stifte, Blöcke

Durchführung:

- Lehrer beschreibt Tier/Pflanze/Organ, ohne dessen Namen zu nennen.
- Schüler notieren sich Stichpunkte und Ideen, worum es sich handeln könnte.
- Schüler äußern ihre Vermutungen und begründen sie.

Beispiel:

„Ich bin nicht nur eine Verpackung oder Hülle. Ich bin viel mehr! Ich bin das größte Organ, das du hast, und wiege 10 kg!

Mein Aussehen kann sich verändern: Ich werde gelb, wenn die Leber nicht richtig funktioniert. Wie eine graue Maus sehe ich aus, wenn dein Magen streikt! Rosa bin ich, wenn es dir richtig gut geht. Wer weiß? Vielleicht bist du ja auch gerade verliebt?

Wenn du Angst hast oder dir kalt ist, sehe ich aus wie eine gerupfte Gans. Auch verliere ich dann meine Farbe und werde blass vor Schreck. Leider kann ich auch krank werden. Dann bekomme ich seltsame, manchmal juckende oder schmerzende rote Flecken.

Doch ist das alles nur ein kleiner Teil dessen, was ich alles kann. Ich bin nämlich etwas ganz Besonderes für dich. Darum frage ich: Wer bin ich?"

(Lösung: Haut)

Weitere Hinweise:

- Der Einstieg ist auch mit einem Bild kombinierbar (z. B. Bild einer vergrößerten Schweißpore).
- Die Notizen helfen den Schülern im Anschluss, ihre Behauptungen zu belegen. („Ich denke, dass es sich um die Haut handelt, weil man eine Gänsehaut bekommt, wenn es kalt ist. Die roten Flecken, das können Pickel oder Masern sein." etc.)
- Am Ende des Textes am besten gleich eine Frage aufwerfen, sodass man leicht zum Stundenthema überleiten kann (z. B. „Warum ist die Haut etwas Besonderes?" – Vermutungen der Schüler – Erarbeitung).

Vorwissen aus der letzten Stunde

Lückentext auf kleinen Arbeitsblättern oder auf Folie (Overhead)

Durchführung:

- Kurzzusammenfassung der letzten Stunde als Lückentext (als Arbeitsblatt oder gemeinsam auf Folie erarbeiten).
- Schüler lesen sich den Text Satz für Satz durch und versuchen, ihn sinnvoll zu ergänzen.
- Anschließend können auch zusätzliche Informationen abgerufen werden. („Du weißt bestimmt noch mehr, was wir letztes Mal gelernt haben.")

Beispiel:

__________________ sind eine Symbiose aus zwei Pflanzen: aus einzelligen,

grünen __________________ (autotroph) und Pilzhyphen (__________________).

Sie brauchen wenig __________________ und können völlig __________________.

Sie dienen auch als Anzeiger für ____________________________, denn darauf

reagieren sie empfindlich.

(Lösung: Flechten – Algen – heterotroph – Wasser – austrocknen – Luftverschmutzung)

Weitere Hinweise:

Als Lücken sollten die Schlüsselwörter zum Thema gewählt werden. Der Text darf nicht zu lang sein, nicht zu viele Lücken enthalten und sollte mithilfe des Gelernten lösbar sein (keine neuen Informationen einbauen).

Bei schwachen Schülern evtl. nur den Merksatz der letzten Stunde umformulieren oder Wörter zur Auswahl vorgeben.

keine besonderen Voraussetzungen

Schüler: Zettel und Stifte

Durchführung:

- Schüler notieren auf ihrem Zettel das Abc (ein Buchstabe pro Zeile).
- Lehrer gibt einen Oberbegriff vor und stoppt die Zeit (z. B. „Säugetiere", zwei Minuten).
- Schüler versuchen, zu jedem Buchstaben einen Begriff zu finden, der zu diesem Oberbegriff passt.
- Anschließend wird verglichen und evtl. korrigiert, wenn falsche Begriffe auftauchen.
- Evtl. „Prämierung" des Schülers mit den meisten richtigen Begriffen.

Beispiele:

1. Oberbegriff *Säugetier*

   A: Affe

   B: Bär

   C: …

   D: Dingo …

2. Oberbegriff *Umweltverschmutzung*

   A: Abfall

   B: Bauschutt

   C: Chemie

   D: Deponie …

Weitere Hinweise:

Oberbegriffe so wählen, dass es nicht zu schwer wird, Begriffe zu finden.

Vorwissen aus der letzten Stunde

Text auf Folie und auf Arbeitsblatt für jeden Schüler

Durchführung:

- Schüler bekommen das Arbeitsblatt und korrigieren entweder in EA oder in GA die Fehler, d. h. sie unterstreichen den Fehler und schreiben die richtige Lösung darüber.
- Gemeinsames Korrigieren auf der Folie.

Beispiel: Blutkreislauf

Der erwachsene Mensch besitzt ca. 1 bis 2 Liter Blut. Es gibt 4 verschiedene Blutgruppen (A, B, C, D).

Hauptaufgabe des Blutes ist der Transport von gelösten Nährstoffen, Abfallstoffen und von Sauerstoff und Kohlendioxid. Die Abfallstoffe werden zum Magen transportiert.

Blut besteht aus roten Blutkörperchen, weißen Blutplättchen und durchsichtigen Blutplatten. Der rote Blutfarbstoff transportiert den Sauerstoff und heißt auch Häloglibon.

(Lösungen: 5 bis 6 Liter – AB, 0 – zu den Nieren – weißen Blutkörperchen – Blutplättchen – Hämoglobin)

Weitere Hinweise:

Die Fehler sollten eindeutig, aber nicht zu zahlreich sein.

Der Einstieg schult das genaue Lesen und Lernen, besonders von Fremdwörtern und Fachbegriffen.

2.6 Schnelle Wörter

ca. 5 Min. ab Kl. 5

Wissen zum aktuellen Thema

mehrere längs gefaltete DIN-A4-Blätter: auf jede Blatthälfte schreibt der Lehrer einen Begriff zum aktuellen Thema/zum Grundwissen, bei dem aber einige Buchstaben fehlen

Durchführung:

- Der Lehrer hält einen Blattabschnitt kurz vor der Klasse hoch und verdeckt ihn dann schnell wieder.
- Schüler nennen den vollständigen Begriff und erklären ihn.

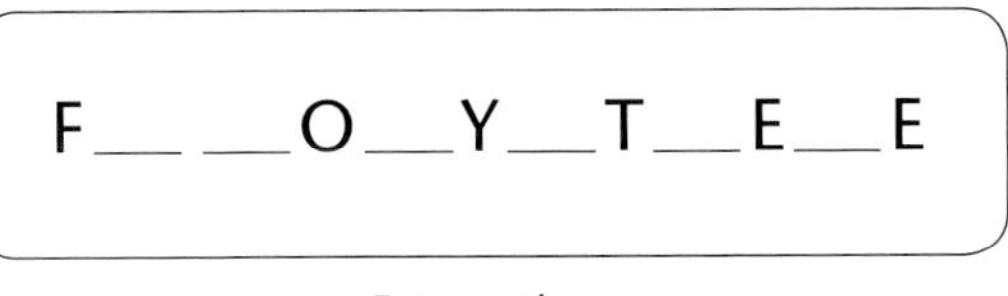

Fotosynthese

Weitere Hinweise:

Der Schwierigkeitsgrad ist veränderbar durch:

- mehrere Begriffe auf einem Blatt
- mehr fehlende Buchstaben
- Teil des Wortes durch Bild ersetzen
- Wort rückwärts geschrieben, auf dem Kopf oder spiegelverkehrt zeigen

Alternativ kann das Wort auch auf Folie gezeigt werden. Der Projektor wird dabei schnell ein- und wieder ausgeschaltet.

Wissen zum aktuellen Thema

Overheadprojektor; ca. zehn Folienschnipsel mit jeweils einem Begriff aus der letzten Stunde oder zum Grundwissen; Schüler: Block, Stifte

Durchführung:

- Lehrer legt kommentarlos einen Schnipsel nach dem anderen auf den Projektor; kurz darauf schaltet er den Projektor aus.
- Schüler sollen die Begriffe aufschreiben, an die sie sich erinnern.
- Sie nennen und erklären sich gegenseitig die Begriffe.

Weitere Hinweise:

Der Einstieg eignet sich sehr gut, um Grundbegriffe zu wiederholen, und schult Konzentration und Gedächtnis.

Er ist auch von den Schülern durchführbar.

Durch Wahl von Anzahl und Schwierigkeitsgrad der Begriffe wird er jedem Niveau gerecht.

2.8 Fantasiereise

keine besonderen Voraussetzungen

abgedunkelter Raum, evtl. passende Musik im Hintergrund

Durchführung:

- Lehrer dunkelt den Raum ab.
- Schüler sollen eine entspannte Haltung einnehmen und die Augen schließen.
- Lehrer entführt die Schüler mithilfe der Fantasiereise in eine „andere Welt" (in eine andere Situation, um am Ende die Aufmerksamkeit auf ein ganz bestimmtes Thema zu lenken).

Beispiel:

Vgl. nächste Seite.

Weitere Hinweise:

Der Text sollte so anschaulich wie möglich sein, damit die Schüler wirklich in eine andere Welt eintauchen können, bevor sie dann auf das eigentliche Thema und wieder in den Schulalltag zurückkommen.

Thema: Bestimmung einiger Standvögel

Vögel im Winter

„Stelle dir vor, es hätte über Nacht wahnsinnig viel geschneit. Und du freust dich, denn es ist Wochenende und du kannst sofort deinen Schneeanzug anziehen, deinen Schlitten nehmen und dich mit deinen Freunden am Schlittenberg treffen.

Mühsam zieht ihr die Schlitten den kleinen, aber steilen Berg hoch und müsst erst einmal tief durchatmen, als ihr oben angekommen seid. Puh, das wäre geschafft!

Und schon geht die wilde Fahrt los. Ihr macht Wettrennen, sitzt zu zweit oder zu dritt auf dem Schlitten. Immer wieder und wieder lauft ihr den Berg hoch und schlittert mit eurem Gefährt den Hang hinab. Plötzlich beginnt einer deiner Freunde, Schneebälle zu werfen. Er trifft dich nicht und du bückst dich schnell, um mit einem Gegenangriff zu kontern. Lachend fährt dein Freund mit dem Fuß durch den lockeren Schnee, sodass die Flocken glitzernd in der Sonne durch die Luft wirbeln. Ein paar fallen dir in den Nacken. Du ziehst die Schultern zusammen. Ist das kalt!

Plötzlich fällt dir auf, wie viel Zeit schon vergangen ist. Du musst heim, denn deine Eltern warten schon auf dich. Schnell verabschiedest du dich von deinen Freunden, die sich mit schallendem Gelächter vom Hang herunterkugeln lassen.

Langsam stapfst du durch den Schnee nach Hause. Das Gelächter deiner Freunde wird immer leiser. Du betrachtest die weißen Schneehauben auf den Bäumen und siehst das Glitzern des Schnees in der Sonne. Nur noch das Knirschen des Schnees unter deinen Füßen ist zu hören. Du hauchst deinen Atem in die kühle Luft. Und dann hörst du es! Hör genau hin!“

(Es folgt Vogelgezwitscher auf Kassette.)

Schüler beschreiben erst, was sie „erlebt“ haben. Die Diskussion sollte bald darauf gelenkt werden, um welche Vögel es sich handeln könnte.

(Namen und Informationen sammeln)

2.9 Fragen sammeln

keine besonderen Voraussetzungen

Tafel (in Kombination mit stummem Impuls oder Bild)

Durchführung:

- Durch ein Bild oder einen stummen Impuls wird das Stundenthema bekannt gegeben.
- Der Lehrer gibt den Impuls: „Zu diesem Thema hast du bestimmt Fragen!"
- Die Schüler stellen ihre persönlichen Fragen zu dem Thema, der Lehrer notiert diese an der Tafel.
- Anschließend erklärt der Lehrer, welche Fragen in dieser Stunde beantwortet werden und welche noch nicht. Evtl. kann man die Folgestunde nach genau diesen Fragen ausrichten.

Weitere Hinweise:

Fragen, die in der Stunde nicht beantwortet werden

- können in der Folgestunde behandelt werden,
- können als Hausaufgabe zum Nachforschen aufgegeben werden,
- können auch als Minireferate aufgegeben werden (bei komplexeren Fragen).

Vorteil: Die Schüler lernen und beschäftigen sich genau mit dem, was sie wirklich interessiert.

keine besonderen Voraussetzungen

kein Material nötig

Durchführung:

- Lehrer sorgt für Ruhe und Aufmerksamkeit in der Klasse.
- Dann sagt er einen Satz, der zum Thema hinführt, zur Diskussion anregt, eine Tatsache, eine Zeitungsüberschrift, …
- Schüler knüpfen an den Satz an (Erfahrungen, Meinungen, Fragen, …).

Beispiele:

1. „Heute sprechen wir über ein Lebewesen, dass theoretisch in 24 Stunden 5 000 Milliarden Nachkommen hervorbringen könnte." (Thema: Bakterien bei Idealbedingungen)
2. „Meine Katze hat gestern drei Junge geworfen: ein graues, ein schwarzes und ein rotes Kätzchen." (Thema: Genetik, Vererbungslehre)
3. „Aids ist eine der größten Bedrohungen der Menschheit." (Thema: Aids, Virenerkrankungen)

Weitere Hinweise:

Damit diese Methode funktioniert, müssen die Schüler darauf „trainiert" sein.

Wichtig ist, dass der Lehrer nur den Satz sagt und dann geduldig wartet, bis sich die ersten Schüler dazu äußern (notfalls mit den Schultern zucken und ein fragendes Gesicht machen).

Ebenfalls möglich ist es, einen Sachverhalt mit kurzen, knappen Sätzen zu beschreiben.

Auf keinen Fall eine (W-)Frage formulieren! Das schränkt die Schüler zu sehr in ihren Ideen ein.

keine besonderen Voraussetzungen

je nach Art der Provokation

Durchführung:

- Lehrer sorgt für Ruhe und Aufmerksamkeit.
- Lehrer provoziert durch einen Satz, durch eine Geste oder Handlung, durch einen Kommentar, …
- Schüler reagieren darauf, indem sie ihre Meinung dazu äußern.

Beispiele:

1. „Haie sind doch wirklich nur gefährlich. Die sollten alle zum Abschuss freigegeben werden." (Thema: Artenschutz, Fischfang)
2. „Ich freue mich schon auf das Mittagessen: ein dicker Burger, Pommes und eine große Cola … ich weiß gar nicht, warum man sich überhaupt noch was kochen sollte …" (Thema: Gesunde Ernährung)
3. Extrembeispiele: Lehrer zündet sich eine Zigarette an, ohne sie zu rauchen – Vorbildfunktion! (Thema: Lunge, Rauchen) oder nimmt einen Schluck aus einer Flasche Bier (Thema: Alkoholsucht).

Weitere Hinweise:

Achtung: Die Provokation muss dem Niveau der Klasse angeglichen werden, damit keine Missverständnisse entstehen (v. a. die Extrembeispiele unter 3.).

Der Einstieg regt die Schüler zum kritischen Denken an und trainiert das Argumentieren und Begründen.

keine besonderen Voraussetzungen

Schüler: Stifte und Block

Durchführung:

- Lehrer notiert an der Tafel den Anfang eines Satzes einer Fantasiegeschichte.
- Schüler versetzen sich in die entsprechende Situation und schreiben einige Sätze weiter.
- Lehrer geht während des Schreibens herum und sieht sich schon nach geeigneten interessanten Texten um.
- Im Anschluss werden drei bis vier Texte der Schüler vorgelesen und diskutiert.

Beispiele:

1. „Wenn ich eine Meeresschildkröte wäre, …"
2. „Wenn ich in Afrika leben würde, …"
3. „Wenn ich ein berühmter Wissenschaftler wäre, wäre meine wichtigste Erfindung …"
4. „Wenn ich ein Lebewesen im Wald wäre, wäre ich gerne ein(e) …"

Weitere Hinweise:

Die Methode ist als Einstieg, aber auch als Sicherung einer Stunde geeignet.

Die Schüler sollen ihrer Fantasie freien Lauf lassen, nur so kommen die vielfältigsten Ideen zustande.

Wissen zum aktuellen Thema

Kärtchen mit Fragen zum aktuellen Thema oder Grundwissen

Durchführung:

- Schüler stellen sich in zwei (oder mehr) Gruppen in Richtung zur Tafel auf. (Das Ende der Schlange befindet sich bei der Tafel.)
- Am Anfang der Schlange steht der Lehrer und stellt den jeweils beiden ersten Schülern der Teams die Frage.
- Die Schüler flüstern die Antwort so schnell wie möglich dem Nächsten in ihrer Schlange ins Ohr usw.
- Der Letzte in der Schlange schreibt die Antwort an die Tafel.
- Das Team mit den meisten richtig beantworteten Fragen gewinnt (evtl. Strichliste führen).
- Nach jeder Frage stellt sich der erste Schüler hinten an. So muss jeder einmal schreiben und jeder einmal die Antwort wissen.

Weitere Hinweise:

Bei diesem Einstieg geht es um Schnelligkeit, Genauigkeit, Wissen, Teamfähigkeit und Konzentration.

Die Antworten sollten höchstens aus zwei Worten bestehen.

Weiß der Erste in der Reihe die Antwort nicht, kann er auch die Frage weiterflüstern in der Hoffnung, dass irgendjemand die Antwort weiß und weitersagt. Falls ein Schüler das Geflüsterte nicht versteht, ist Wiederholen erlaubt.

Zu laut geflüstert? Pech gehabt! Den Punkt bekommt die Mannschaft, die als Erstes den Begriff an die Tafel schreibt.

Grundwissen, Wissen zum aktuellen Thema

Tabelle auf Folie, Zettelchen oder Klebestreifen zum Abdecken, Overheadprojektor

Durchführung:

- Hier spielt der Lehrer gegen die Schüler.
- Lehrer bereitet eine Tabelle vor, in der richtige Antworten schon angekreuzt sind.
- Die Innenfelder der Tabelle (weiße Felder) werden einzeln mit Klebestreifen verdeckt, sodass man jedes einzelne Kästchen aufdecken kann.
- Die Schüler sagen, was zusammengehört. Sie dürfen nur zweimal mit ihren Antworten falschliegen. Die Antworten sollen in ganzen Sätzen erfolgen und, wenn möglich, begründet werden.
- Bei jeder Schülerantwort wird das entsprechende Feld aufgedeckt.

Beispiel: Pflanzen

	Löwenzahn	**Blutweiderich**	**Silberdistel**	**Kartäusernelke**
Magerrasen			□	
kalkhaltiger Boden				□
Knollen				
Wind	□			
Wasser		□		

Mögliche Schülerantwort: „Löwenzahn und Wind gehören zusammen, da der Löwenzahn kleine Schirmchen an seinem Samen hat und diese durch den Wind fortgetragen werden. So verbreitet sich der Löwenzahn." ⇨ Lehrer deckt das Kreuzchen bei *Löwenzahn* und *Wind* auf.

Weitere Hinweise:

Die Anzahl der Kreuzchen und die Schwierigkeit ist variabel.
Man kann auch zwei oder drei Tabellen vorbereiten, die verschiedenen Niveaustufen entsprechen.

Grundwissen, Wissen zum aktuellen Thema

Silbenrätsel auf Arbeitsblatt

Durchführung:

- Lehrer teilt Arbeitsblatt mit Silbenrätsel aus.
- Schüler lösen das Silbenrätsel in EA.
- Schüler korrigieren die Lösungen im Klassenverband und erklären dabei die einzelnen Begriffe

Beispiel:

Welche Begriffe zum Thema „Atmung" kannst du aus diesen Silben bilden? (7 Begriffe)

här – aus – na – lun – haut – zwerch – sen – bläs – höh – bron – flim – le – fell – schleim – tausch – gen – chen – chen – mer – chien – gas

____

____

____

____

(Lösung: Nasenhöhle, Lungenbläschen, Zwerchfell, Schleimhaut, Flimmerhärchen, Bronchien, Gasaustausch)

Weitere Hinweise:

Der Einstieg eignet sich zur Wiederholung von Begriffen aus dem Grundwissen oder zum aktuellen Thema.

Das Silbenrätsel kann auch in Partnerarbeit oder im Klassenverband auf Folie durchgeführt werden.

Leichter wird das Rätsel, wenn die Anfangsbuchstaben der Wörter großgeschrieben werden.

Grundwissen, Wissen zum aktuellen Thema

Kreuzworträtsel auf einem Arbeitsblatt

Durchführung:

- Lehrer teilt Arbeitsblatt aus.
- Schüler lösen Rätsel.
- Anschließend werden schwierige Fragen und das Lösungswort besprochen und eventuell nochmals erklärt.

Beispiel: Die Haut

	2						5			8
1	U						T		7	A
T	V			4			E		H	K
A	S	3		F			M	6	O	N
S	C	H	W	E	I	ß	P	O	R	E
T	U	A		T			E	R	N	
S	T	U		T			R	G	H	
I	Z	T					A	A	A	
N							T	N	U	
N							U		T	
							R			

1 Einer der fünf. – Die Fingerspitzen sind darin am besten.
2 Aufgabe der Pigmentschicht.
3 Größtes Organ des Menschen.
4 Ist Stoßdämpfer und Wärmeisolator.
5 Auch hierfür haben wir Sinneszellen.
6 Die Haut ist wie die Leber oder die Niere ein …
7 Erste Schicht in der Oberhaut. – Schützt vor mechanischen Einflüssen.
8 Typisches Leiden bei Teenagern.

Lösungswort: Sorgt für Abkühlung, z. B. im Sommer!

Weitere Hinweise:

Kreuzworträtsel kann man leicht selbst erstellen, indem man eine Tabelle mit gleich großen quadratischen Feldern anlegt und die zu suchenden Begriffe mit Nummern eingibt. Am besten beginnt man mit dem Lösungswort. Anschließend fügt man die Beschreibungen hinzu und entfernt die unbenutzten Felder der Tabelle.

3.5 Rebus-Rätsel

ca. 5 Min. ab Kl. 5

keine besonderen Voraussetzungen

Rebus-Rätsel auf Folie; Schüler: Zettel und Stifte

Durchführung:

- Lehrer zeigt Folie mit Rebus-Rätsel.
- Schüler lösen, indem sie sich Notizen machen.
- Schüler melden sich, sobald sie die Lösung haben.
- Begriff wird an der Tafel notiert, Vorwissen dazu gesammelt, Stundenthema festgelegt, …

Beispiel:

(Lösung: Schutzmaßnahmen für Amphibien)

Weitere Hinweise:

Man kann auch die Schüler eine Stunde zuvor bitten, Begriffe als Rebus-Rätsel darzustellen. Diese werden auf Folie kopiert und zur Wiederholung von wichtigen Begriffen verwendet.

kreative Schüler ohne Berührungsängste

Karten mit darzustellenden Begriffen

Durchführung:

- Lehrer gibt jeder Gruppe einen Begriff vor.
- Die Schüler haben ein bis zwei Minuten Zeit, um sich zu beraten, wie sie den Begriff darstellen.
- Darstellung soll allein durch die Körper der Schüler erfolgen, d. h. die Schüler nehmen eine Position/Haltung ein und verharren in dieser, als wären sie eingefroren („freeze").
- Jede Gruppe präsentiert ihre „eingefrorene Szene", die anderen Gruppen erraten die Begriffe. Diese werden an der Tafel notiert.
- Wurden alle Begriffe erraten, suchen die Schüler dazu einen Oberbegriff, der das Thema der Stunde einläutet.

Beispiele:

1. Oberbegriff: *Sinnesorgane*

   Begriffe: *Mund (Zunge), Auge, Ohr, Nase,* (*Haut* fehlt, ist aber zu schwer darzustellen). Achtung: Die Schüler dürfen nicht einfach auf ein Sinnesorgan zeigen. Sie sollen es überdimensional mithilfe ihrer Körper darstellen.

2. Oberbegriff: *Entwicklung des Menschen*

   Begriffe: *Baby, Kleinkind, Teenager, Erwachsener, alter Mann/alte Frau*

Weitere Hinweise:

Manchmal ist es einfacher, kleine Bewegungen oder Geräusche zuzulassen (z. B. pochendes Herz).

Es ist auch möglich, einen Begriff aus zwei oder drei Bildern darzustellen. Die Schüler halten dabei jeweils ein paar Sekunden aus und ändern dann ihre Haltung zum nächsten Bild.

„Freeze" ist eigentlich durch das Improvisationstheater bekannt, wo die Schauspieler ihre Szene „einfrieren" und in einer ganz anderen Situation weiterspielen, wobei sie aber ihre Körperhaltung und Mimik in die neue Szene mit einbauen.

Wissen zum aktuellen Thema

fünf bis zehn Kärtchen, auf denen oben der zu erratende Begriff farbig und darunter die Begriffe, die man nicht verwenden darf, stehen

Durchführung:

- Ein Schüler zieht eine Karte und erklärt den farbigen Begriff, ohne die darunterstehenden Wörter zu benutzen (vgl. Tabu®-Spiel).
- Die anderen Schüler erraten, um welchen Begriff es sich handelt.
- Der Schüler mit der richtigen Antwort darf die nächste Karte ziehen und den Begriff erklären.

Beispiele:

Verschmutzung

- Öl
- Müll
- Abgase
- Umwelt

Charles Darwin

- Vererbungslehre
- *Survival of the fittest*/Überleben des Stärkeren
- Finken

Bakterien

- Krankheitserreger
- klein
- Darm
- Milchsäure

Weitere Hinweise:

Damit nicht ewig an einem Begriff herumgerätselt wird, ist es sinnvoll, eine Zeit festzulegen, in welcher der Begriff erraten werden muss (eine Minute oder mithilfe der Sanduhr).

Variante: Zwei Teams spielen gegeneinander. Dabei kontrolliert jemand vom gegnerischen Team, ob auch wirklich keine „verbotenen Begriffe" verwendet werden. Wenn doch oder aber auch bei Nichterraten in der vorgegebenen Zeit, gibt es keinen Punkt und das andere Team ist an der Reihe. Pro erratenem Begriff gibt es einen Punkt. Beim Erklären wechseln sich die Gruppen immer ab, auch wenn ein Begriff erraten wurde.

Das Schwierigkeitsniveau ist durch die Anzahl der vorgegebenen Begriffe steigerbar.

Der Einstieg ist gut zur Wiederholung geeignet.

Wissen zum aktuellen Thema

Schüler: Schulheft oder Schulbuch, Zettel und Stifte

Durchführung:

- Jeder Schüler zeichnet eine kleine Tabelle auf seinen Zettel (3 × 3 Felder).
- Anschließend sucht sich jeder Schüler zu einem vom Lehrer vorgegebenen Thema im Schulheft oder im Schulbuch Begriffe heraus, die er in seine Tabelle einträgt.
- Der Lehrer liest zügig Definitionen von Begriffen zum Thema vor.
- Wenn die Schüler den entsprechenden Begriff in ihrem 3 × 3-Feld notiert haben, markieren sie ihn.
- Der erste Schüler, der drei Begriffe waagrecht, senkrecht oder diagonal markiert hat, gewinnt.

Beispiel: Blutkreislauf

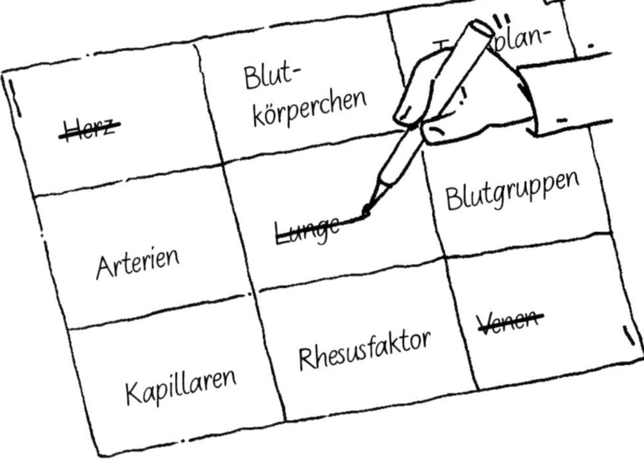

Mögliche Definitionen:

1. Hohlmuskel, der sich rhythmisch zusammenzieht (Herz)
2. Organ, welches das Blut mit Sauerstoff versorgt (Lunge)
3. Leitungsbahnen, die zum Herzen führen (Venen)

Weitere Hinweise:

Der Lehrer sollte sich vorher unbedingt mögliche Begriffe notieren, sich dazu knappe Definitionen überlegen und diese auch dem Leistungsniveau der Schüler anpassen.

Wissen zum aktuellen Thema

Overheadprojektor, Buchstabenschnipsel auf Folie (Lehrer ordnet bekannte Begriffe der letzten Stunde kreuzworträtselähnlich an, schreibt diese dann in Großbuchstaben auf eine Folie und schneidet anschließend die einzelnen Buchstaben aus)

Durchführung:

- Lehrer legt Buchstabenschnipsel auf den Projektor.
- Schüler ordnen Buchstaben zu Begriffen und erklären diese, dabei soll das vom Lehrer erdachte Kreuzworträtsel wiedergefunden werden, d. h. alle Buchstaben müssen benutzt werden.

Beispiel:

Weitere Hinweise:

Die Begriffe sollten alle zu einem Thema gehören.

Um Zeit zu sparen, kann man am Computer Buchstaben auf Vorrat schreiben, ausdrucken und ausschneiden. So muss man nur die Buchstaben heraussuchen, die man benötigt, und kann diese immer wieder verwenden.

Wissen zum aktuellen Thema

Bilder und Wortkarten, die groß genug für die Tafel sind

Durchführung:

- Lehrer heftet ungeordnet Bilder mit den dazugehörigen Wortkarten an die Tafel und schließt diese.
- Nach der Begrüßung öffnet der Lehrer die Tafel und zeigt auf die Bilder und Wortkarten.
- Die Schüler gehen an die Tafel und ordnen je ein Bild einer Wortkarte zu, dabei erzählen sie, was sie zu diesem Begriff wissen, und begründen, warum Bild und Wortkarte zusammengehören.

Beispiel: Fische

Kiemen

Afterflosse

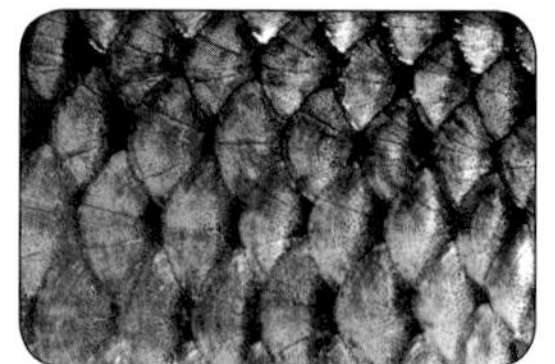

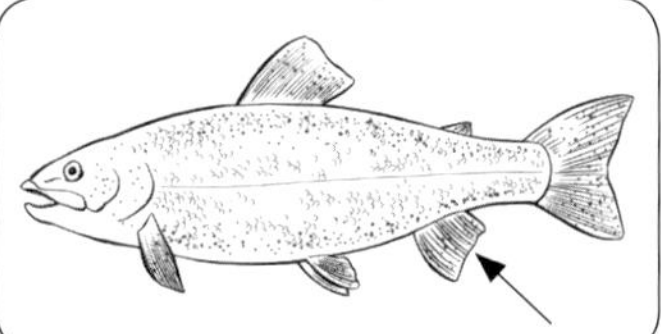

Schwimmblase

Schuppen

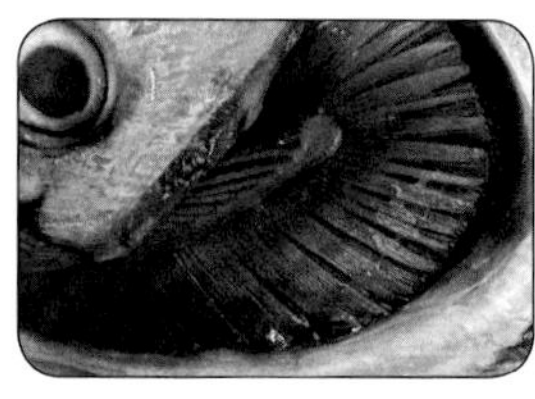

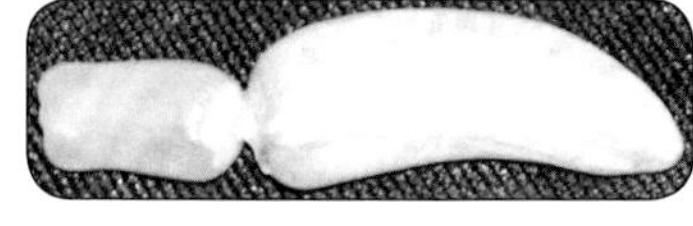

Weitere Hinweise:

Geben Sie durch bunte Rahmen den Platz für Wortkarten und Bilder vor. So strukturiert sich gleich das Tafelbild, das Sie dann weiter ergänzen können.

Wissen zum aktuellen Thema

zwei Schüler überlegen sich in der Stunde zuvor sieben bis zehn Fragen zum aktuellen Thema

Durchführung:

- Ein Schüler nimmt auf dem Kandidatenstuhl Platz.
- Die beiden Schüler stellen ihre vorbereiteten Fragen, der Kandidat antwortet.
- Die beiden Schüler bestätigen bzw. ergänzen und berichtigen die Antworten, falls nötig.
- Die Anzahl der richtigen Antworten wird in einer Liste festgehalten.

Weitere Hinweise:

Das Spiel kann sich über das ganze Jahr hinziehen. Jeder Schüler sollte Fragen vorbereiten und mindestens einmal, am besten zwei- oder dreimal befragt werden.

Am Ende des Jahres ist der Schüler mit den meisten richtigen Antworten Quiz-Champion.

Wichtig:

- Prüfen Sie vorher, ob die vorbereiteten Fragen nicht zu schwer oder zweideutig bzw. oberflächlich gestellt sind.
- Es sollten keine Ja-/Nein-Fragen gestellt werden.
- Möglich ist die Einführung einer differenzierten Punkteverteilung:
  1 Punkt: leichte Frage, 2 Punkte: normale Frage, 3 Punkte: schwere Frage; die Anzahl der erreichbaren Punkte pro Fragerunde muss immer gleich sein.
- Wählen Sie anhand der Fragen den Schüler aus, der auf den Stuhl kommt: leichtere Fragen für einen schwächeren Schüler, schwierigere Fragen für leistungsstarke Schüler. So haben alle die Möglichkeit, Punkte zu sammeln, das Spiel wird enger und somit spannender und motivierender. Außerdem ist das eine Möglichkeit, schwache Schüler Selbstvertrauen tanken zu lassen.

Wissen zum aktuellen Thema

Kärtchen oder Liste mit Fragen zur letzten Stunde

Durchführung:

- Schüler stellen sich in zwei Teams und zwei Reihen hintereinander auf.
- Der Lehrer stellt den jeweils ersten beiden in der Reihe eine Frage.
- Der Schüler, der schneller antwortet, stellt sich hinten an, der Verlierer setzt sich auf seinen Platz.
- Sollten beide Schüler die Antwort nicht wissen, wird einer der sitzenden „Verlierer" gefragt. Antwortet er richtig, kann er in seine Reihe zurückkehren.
- Antworten beide Schüler in der Reihe gleichzeitig richtig, stellen sich beide hinten an.
- Gespielt wird, bis ein Team keine Spieler mehr in der Reihe hat.

Weitere Hinweise:

Bereiten Sie **viele** Fragen vor (Grundwissen, Wiederholung für Klassenarbeit), auf die man nur mit einem Begriff antworten muss!

Das Spiel kann auch über das ganze Jahr gespielt werden: Legen Sie eine Strichliste an, wie oft welches Team gewonnen hat. Die Zusammensetzung der Teams muss dann aber gleich bleiben!

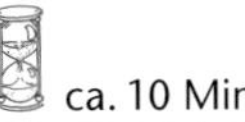

Wissen zum aktuellen Thema

Karten mit Fragen (und Antworten) zum Grundwissen/aktuellen Thema

Durchführung:

- Lehrer sammelt Fragen zum aktuellen Thema und schreibt sie auf Kärtchen.
- Lehrer oder Schüler mischt die Karten und stellt die erste Frage.
- Der Schüler, der die Frage beantwortet, nimmt die nächste Karte und stellt eine Frage usw.

Weitere Hinweise:

Die Antworten können verkehrt herum auf die Karten geschrieben werden.

Fertigt man Karten zu jedem Thema an, so entsteht ein ganzes Kartenset zur jeweiligen Jahrgangsstufe. Auf diese Weise kann jederzeit auch der Stoff von vor zwei Wochen oder fünf Monaten zwischendurch nochmals wiederholt werden.

Stellen Sie die Karten den Schülern auch in den Freistunden oder vor Unterrichtsbeginn zur Verfügung.

Wissen zum aktuellen Thema

Folie mit Tabelle (s. Beispiel), kleine Plättchen aus Papier oder Pappe

Durchführung:

- Lehrer legt Folie mit Tabelle auf. In den Kästchen in der Mitte befinden sich Begriffe oder Bilder, welche verdeckt sind und bei denen immer zwei zusammengehören.
- Erster Schüler nennt zwei beliebige Felder, z. B. „1A und 3C".
- Der Lehrer deckt die entsprechenden Felder auf.
- Passen die Begriffe/Bilder zusammen, darf der Schüler weitere Felder vorschlagen. Die erratenen Felder bleiben aufgedeckt.
- Passen die Begriffe/Bilder nicht zusammen, darf ein anderer Schüler fortfahren. Die Felder werden wieder verdeckt.

Beispiel: Artenkenntnis, Vögel

	A	B	C	D
1	gelber Schnabel	Stockente	Greifvogel	lebt in riesigen Schwärmen
2	Kuckuck	Bussard	kleinster Singvogel	Uhu
3	sehr beweglicher Kopf	liebt Blütennektar	Amsel	Kolibri
4	Wellensittich	Seiherschnabel	Zaunkönig	Rabenmutter

Werden bei diesem Beispiel die Vogelarten durch Bilder ersetzt, erhöht sich der Schwierigkeitsgrad, da die Schüler die Vögel zunächst bestimmen müssen.

Weitere Hinweise:

Praktisch ist es, sich an die Plättchen aus Pappe kleine Pappgriffe zu kleben, so kann man sie leichter wegnehmen, ohne dass die anderen Plättchen verrutschen.

Wissen zum aktuellen Thema

selbst erstelltes Memory in mehreren Ausführungen

Herstellung:

- Erstellen Sie eine Tabelle mit quadratischen Feldern und fügen Sie jeweils einen Tier- oder Pflanzennamen und dazu ein passendes Bild ein.
- Nach dem Ausdrucken die zusammengehörigen Karten mit Bleistift in einer Ecke klein nummerieren, damit die Schüler im Notfall eine Kontrollmöglichkeit haben.
- Entwerfen Sie eine Kartenrückseite. Das kann ein dickeres, buntes Tonpapier sein oder ein etwas dünneres, aber beschriftet (z. B. durchgehend „Memory – Vögel"). So scheinen Bilder und Namen nicht durch.
- Kleben Sie Tabelle und Rückseite zusammen.
- Laminieren Sie das ganze DIN-A4-Blatt und schneiden Sie anschließend die Karten aus.
- Memorys sind zu vielen verschiedenen Themen möglich: Säugetiere, Kriechtiere, Tiere im Wald, Pflanzen des Trockenrasens, …
- Stellen Sie von jedem Memory vier bis fünf Exemplare her.

Durchführung:

- Klasse teilt sich in vier bis fünf Gruppen auf.
- Lehrer verteilt Memory-Karten, die gemischt und mit der Rückseite nach oben auf dem Tisch verteilt werden.
- Schüler spielen nach den bekannten Memory-Regeln.
- Ziel ist es, jeweils zusammengehörige Namen und Bilder zu finden und dabei Tiere und Pflanzen genau zu bestimmen.
- Nach vorgegebener Zeit wird Bilanz gezogen: Welche Tiere/Pflanzen erkennt man sehr leicht, welche sind schwer zu erkennen, was weiß man über die einzelnen Tiere usw.

Weitere Hinweise:

Eignet sich gut zum Wiederholen oder auch für Vertretungsstunden, Freiarbeitsstunden usw.

Wissen zum aktuellen Thema

Tafel, Kärtchen mit Begriffen der letzten Stunde(n)/des Grundwissens

Durchführung:

- Schüler bilden zwei Teams.
- Ein Schüler kommt an die Tafel, zieht ein Kärtchen und zeichnet den Begriff ohne Worte, Mimik und Gestik an die Tafel. (Zahlen und Buchstaben sind nicht erlaubt.)
- Beide Gruppen dürfen raten, mit folgender Regelung: Zeichnet ein Schüler von Team A, darf Team A auch als Erstes antworten. Ist der Vorschlag falsch, ist Gruppe B dran. So wird immer abgewechselt. (Die Schüler sollen sich leise absprechen, welchen Begriff sie vorschlagen.)
- Wurde der Begriff erraten, muss das Team ihn auch richtig erklären, nur dann gibt es einen Punkt.

Weitere Hinweise:

Um zu vermeiden, dass es laut wird, kann jedes Team einen Teamleiter bestimmen. Nur er hat das Recht zu antworten, aber auch nur, wenn das Team an der Reihe ist.

Für den Fall, dass ein Begriff nicht erraten wird, darf der Schüler zusätzlich eine Geste oder ein Geräusch machen. Notfalls auflösen und einen anderen Begriff zeichnen lassen.

Bei der Auswahl der Begriffe ist zu beachten, dass man sie gut zeichnen können muss.

3.17 Hangman

keine besonderen Voraussetzungen

Tafel, Begriffe des aktuellen Stoffes

Durchführung:

- Anzahl der Buchstaben des Schlüsselwortes oder -satzes der Stunde als Platzhalter an die Tafel schreiben.
- Schüler nennen einen Buchstaben.
- Ist der Buchstabe richtig, so wird er in die entsprechenden Platzhalter eingesetzt.
- Ist der Buchstabe falsch (kommt er nicht in dem zu erratenden Wort vor), wird Stück für Stück (Buchstabe für Buchstabe) der Galgen mit dem Galgenmännchen konstruiert.
- Sollten die Schüler den Begriff oder den Satz nicht gefunden haben, bevor der letzte Strich der Zeichnung gemacht wurde, haben sie verloren.
- Der Begriff ist Aufhänger der Stunde und wird gemeinsam diskutiert.

Beispiel:

E _ _ _ _ _ k _ _ _ _   _ e _   _ _ _ _ _ _ e _

(Lösung: Entwicklung des Frosches)

Weitere Hinweise:

Zeichnen Sie das Galgenmännchen vorher an die Tafel, da es mehrere Versionen davon gibt. So können die Schüler einschätzen, wie oft sie noch raten können, und überlegen auch vorsichtiger.

Bei schwächeren Schülern können die falsch geratenen Buchstaben an der Tafel notiert werden, damit sie nicht doppelt genannt werden.

Wissen zum aktuellen Thema

Tafel, Karten mit Fragen zum aktuellen Thema, Magnet

Durchführung:

- Schüler teilen sich in zwei Teams auf.
- Lehrer zeichnet Spielfeld (siehe unten) an die Tafel und setzt den Magneten in die Mitte („Start").
- Lehrer stellt den Teams abwechselnd eine Frage.
- Ist die Frage richtig, wandert der Magnet (= Ball) ein Feld in Richtung gegnerisches Tor.
- Ist die Frage falsch beantwortet, wird der Magnet nicht bewegt.
- Gewonnen hat die Mannschaft, die es als Erstes schafft, den Ball im gegnerischen Tor zu platzieren.

Beispiel:

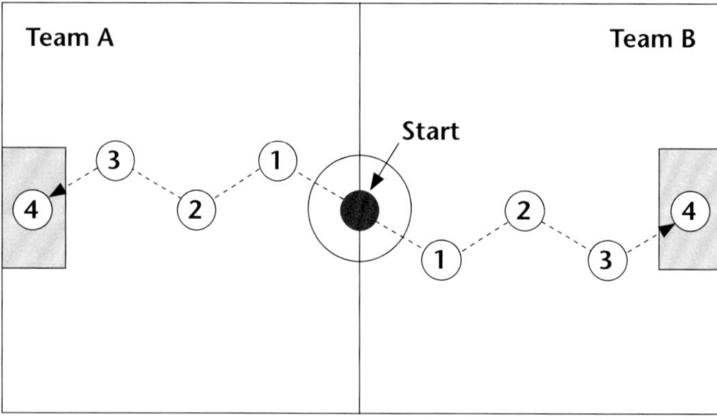

Weitere Hinweise:

Variante:

- Markieren Sie einige Fragen mit einem Sternchen. Bei diesen Fragen dürfen beide Teams raten, das schnellere rückt ein Feld vor (= Fehlpass, Ball abgenommen).
- Bei der letzten Frage dürfen ebenfalls beide Teams antworten. So hat der „Torwart" noch die Chance, den „Schuss abzuwehren". Gelingt es dem Team, schneller zu antworten als das angreifende Team, wird der Magnet in die Mitte gesetzt (Abstoß des Torwarts, weil er den Ball ja gehalten hat).

keine besonderen Voraussetzungen

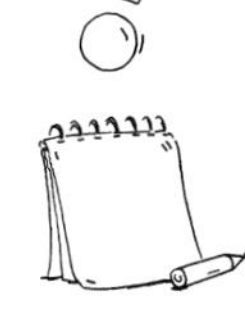
laminierte, übergroße Puzzleteile von Organen, Knochen

Herstellung (Beispiel Skelett):

- Nehmen Sie eine DIN-A4-Vorlage eines Skelettes und vergrößern Sie diese so weit wie möglich.
- Schneiden Sie die Knochen aus und kleben Sie diese auf einen dünnen Pappkarton. (Lassen Sie zusammengehörige Knochen beieinander, z. B. Schien- und Wadenbein oder die einzelnen Finger und Zehenknochen usw.)
- Zusammengehörige Knochen können mit derselben Farbe ausgemalt werden (Hand, Unterarm- und Oberarmknochen in Rot = Hilfe für schwache Schüler).
- Puzzleteile laminieren.
- Anschließend Magnetstreifen an die Rückseite der Puzzleteile kleben.

Durchführung:

- Lehrer verteilt die Puzzlestücke durcheinander an der Tafel.
- Schüler gehen einzeln an die Tafel und setzen das Puzzle zusammen. Dabei benennen sie die einzelnen Teile und erklären, welche Funktion sie erfüllen (sofern schon bekannt).

Beispiele:

1. Skelette von Mensch, Vogel, Fisch, ...
2. Innere Organe: Verdauung, Herz-Kreislauf-System, ...
3. Aufbau einer Zelle (pflanzliche und tierische Zelle im Vergleich)

keine besonderen Voraussetzungen

Kärtchen mit Tiernamen oder Bild des Tieres, Tierstimmen auf CD

Durchführung:

- Schüler setzen sich in Gruppen zusammen.
- Lehrer gibt jeder Gruppe ein Kärtchen mit einem Tiernamen, der zum Thema der Stunde passt.
- Schüler beraten sich und einigen sich auf eine oder mehrere Personen, die das Tier imitieren.
- Anschließend erraten die jeweils anderen Gruppen, um welches Tier es sich hierbei handeln könnte.

Beispiele:

1. Wal, Robbe, Pferd, Katze, Kuh (Säugetiere)
2. Specht, Hirsch, Reh, Wildschwein, Eichhörnchen (Tiere im Wald)
3. Biene, Mücke, Grille, Heuschrecke (Insekten)
4. Für Experten: Amsel, Zilpzalp, Lerche, Kuckuck, Uhu, …

Weitere Hinweise:

Zu imitieren sind nicht nur Brunftschreie und Vogelgezwitscher. Auch Geräusche, die bei einem typischen Verhalten des Tieres entstehen, können nachgeahmt werden (z. B. Specht: Klopfen; Eichhörnchen: Nagen an der Nuss, Getrippel über die Äste, …).

Die Schüler können auch nur vermuten, wie das Geräusch dieses Tieres klingen könnte.

Sinnvoll ist es, die echten Geräusche auf Tonband zu haben, um anschließend zu vergleichen, wie nah die Schüler an der Realität waren.

Wählen Sie Tiere aus, die zum Thema der Stunde hinführen (siehe Beispiele).

4.2 Impressionen (Wiese, Wald)

Zeit, Wiese/Wald in der Nähe

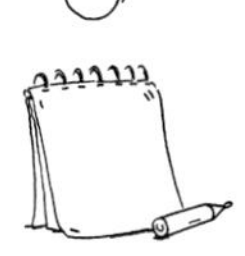

kein Material notwendig

Durchführung:

- Lehrer geht mit Schülern auf eine nahe gelegene Wiese.
- Schüler legen sich ins Gras und schließen die Augen.
- Aufgabe: Die Schüler sollen fünf Minuten lang genau aufpassen, was sie alles wahrnehmen (hören, riechen, fühlen).
- Anschließend berichten die Schüler, was sie gehört und gerochen haben, und versuchen, dem Wahrgenommenen Namen zuzuordnen.

Weitere Hinweise:

Achtung, Zecken! Der Einstieg ist leider nicht spontan durchführbar. Informieren Sie die Eltern, dass ein Ausflug auf die Wiese/in den Wald geplant ist und dass eine Zeckenimpfung ratsam wäre. Die Schüler sollen sich auf jeden Fall nach dem Ausflug auf Zeckenbisse hin untersuchen.

Hilfreich sind kleine Handtücher oder Decken, auf die sich die Schüler legen können.

Bleiben Sie dann mit Ihren Schülern am besten gleich draußen, um zu entdecken, zu bestimmen und zu beobachten.

keine besonderen Voraussetzungen

Klemmbretter, Zettel und Stifte für die Schüler

Durchführung:

- Teilen Sie die Klassen in Gruppen auf und verteilen Sie Beobachtungsaufträge.
- Die Ergebnisse werden anschließend mit der gesamten Klasse besprochen, indem man die Stelle erneut besichtigt (alternativ im Klassenzimmer mithilfe von Fotos, die während des Unterrichtsgangs gemacht wurden).

Beispiele:

1. Garten: Gemüsepflanzen, Obst, Blütenpflanzen, Bäume (Was blüht gerade? Was kann man ernten? Wie sind die Beete angeordnet? Welche Pflanzen befinden sich im Schatten, welche in der prallen Sonne? …)
2. Wald: Beschreibung von Laubbaumblättern und Nadeln, Moosbewachsung an den Bäumen, Tierspuren, Gewölle, Blütenpflanzen im Wald, Standort der Blütenpflanzen, Sammeln von Kleintieren im Boden, …)
3. Feldweg: Pflanzen auf dem Feldweg (Wo genau wachsen sie? Welche Pflanzen sind da? Welche Voraussetzung muss eine Pflanze haben, um auf einem Feldweg wachsen zu können? …)
4. Zoo: Beobachtung von bestimmten Tieren (Skizzen von Pfoten, Schnäbeln usw.; Aufenthaltsort des Tieres; Einzelgänger oder Herdentier? Futter? Verhalten? …)

Weitere Hinweise:

Nichts ist motivierender als die Natur selbst. Und es gibt so viel zu entdecken! Wenn man nur mehr Zeit hätte …

Nehmen Sie sich wenigstens ein- oder zweimal pro Jahr die Zeit, es lohnt sich wirklich. Wichtig dabei ist nur: Nicht einfach nur so spazieren gehen, sondern mit einer Aufgabenstellung und Beobachtungsaufträgen, damit Sie mit den Ergebnissen weiterarbeiten können.

keine besonderen Voraussetzungen

blickdichte verschließbare Behälter, Substanzen mit charakteristischem Eigengeruch

Durchführung:

- Schüler teilen sich in Gruppen auf.
- Lehrer verteilt pro Gruppe drei bis fünf Behälter, welche nur mit A, B, C beschriftet sind und deren Inhalt man nicht erkennen kann.
- Die Gruppe soll entscheiden, um welche Gerüche es sich handelt, und die Ergebnisse auf ein Blatt Papier notieren.
- Gemeinsam werden die Vorschläge der einzelnen Gruppen verglichen. Am Ende wird aufgelöst, ob die Schüler den „richtigen Riecher" hatten.

Beispiele:

1. Thema Nase/Geruchssinn: Vanille, Zimt, Essig, Spülmittel, …
2. Thema Blütenpflanzen: Rose, Lavendel, Brennnessel, Sauerampfer, Erdbeere (hier die Frucht), …
3. Thema Wald: Tannenzweige, Erdboden, Laub, Tannenzapfen, Harz, …
4. Thema Blutkreislauf/Blut/Herz: Schweineblut vom Metzger

Weitere Hinweise:

Variation: Nur ein oder zwei Schüler kommen nach vorne, ihnen werden die Augen verbunden, die Behälter unter die Nase gehalten und sie erraten die Substanzen.

Vorsicht bei „scharfen" Substanzen (ätherische Öle, Säure, …): Sie können zu starken Reizungen der Nasenschleimhaut führen. Bringen Sie den Schülern bei, sich mit der Hand den Duft zuzufächeln und nicht die Nase direkt in den Behälter zu stecken.

keine besonderen Voraussetzungen

Behälter mit Geschmacksproben (Zucker, Salz, Zimt, Paprika, Sahne, Essig, ...), Schals zum Augenverbinden, Teelöffel, Wattestäbchen

Durchführung:

- Schüler teilen sich in Gruppen auf (ideal: vier Personen).
- Lehrer verteilt pro Gruppe drei bis fünf Behälter mit Geschmacksproben.
- Zwei Personen sind Tester (ein Schüler gibt den Testpersonen die Geschmacksprobe, ein Schüler schreibt das Protokoll), zwei Personen werden mit verbundenen Augen getestet.
- Den Testpersonen werden durcheinander die Geschmacksproben gegeben, diese erraten, um welches Gewürz oder Nahrungsmittel es sich handelt.

Beispiele:

1. Thema Verdauung
2. Thema Ernährung
3. Thema Geschmackssinn, Aufbau der Zunge

Weitere Hinweise:

Bei Geschmacksproben tippt man nur leicht mit einem Wattestäbchen in die Substanz und berührt damit die Zunge.

So werden auch die verschiedenen Zonen der Zunge ausgetestet (süß, salzig, sauer, bitter).

keine besonderen Voraussetzungen

Tierstimmen auf Tonband, CD oder Film (ohne das Bild zu zeigen)

Durchführung:

- Lehrer dunkelt den Raum etwas ab und sorgt für Ruhe.
- Lehrer spielt ein typisches Geräusch eines oder mehrerer Tiere ab.
- Schüler erraten, um welches Tier es sich handelt.
- Anschließend wird Vorwissen gesammelt.

Beispiele:

1. Thema Vögel: Amsel, Kuckuck, Zilpzalp, Lerche, Uhu, ...
2. Thema Wald: Wildschwein, Hirsch, Reh, Uhu, Specht, ...
3. Thema Reptilien: Klapperschlange, ...
4. Thema Insekten: Stechmücke, Biene, ...
5. Thema Meer: Meeresrauschen, Wal, Delfin, Robbenkolonie, Möwen, ...

Weitere Hinweise:

Bei abgedunkeltem Raum und geschlossenen Augen konzentrieren sich die Schüler besser auf die Geräusche, da es so keine Ablenkung durch Mitschüler gibt.

Bei manchen Tieren kann auch klar bestimmt werden, in welcher Situation diese Rufe ausgestoßen werden (Warnrufe, Lockrufe).

keine besonderen Voraussetzungen

Objekte aus der Natur mit charakteristischen Oberflächen

Durchführung:

- Lehrer fragt nach freiwilligem Schüler.
- Dem Schüler werden die Augen verbunden.
- Lehrer gibt ihm einen oder mehrere Gegenstände in die Hände.
- Schüler soll genau beschreiben, was er fühlt, und sagen, um welchen Gegenstand es sich handelt und warum.

Beispiele:

1. Thema Verbreitung bei Blütenpflanzen: Klette
2. Thema Wald: Tannenzapfen
3. Thema Borkenkäfer/Bestimmung von Bäumen: Baumrinde
4. Thema Insekten: Waben eines Bienenstocks
5. Thema Reptilien: Schlangenhaut
6. Thema Anpassung der Pflanzen an ihren Lebensraum: verschiedene Blätter von Pflanzen: dick, dünn, behaart, mit dicker Wachsschicht, …

Weitere Hinweise:

Falls möglich, kann man auch jedem Schüler die Augen verbinden. Die Schüler erfühlen und beschreiben dann in der Gruppe einen Gegenstand. Die anderen Gruppen versuchen zu erraten, worum es sich handelt. Dann gibt die Gruppe mit dem Gegenstand ihren Tipp ab. Anschließend werden alle Ergebnisse aufgelöst.

Variante: Die Fühlbox

keine besonderen Voraussetzungen

Anschauungsmodell (Funktions- oder Strukturmodell), Tuch

Durchführung:

- Strukturmodell (Torso, Auge, Ohr, ...) wird unter einem Tuch versteckt ins Klassenzimmer getragen. Schüler versuchen zu erraten, um welches Modell es sich handeln könnte.
- Das Modell wird gezeigt und die Schüler benennen die Teile, die sie schon kennen.
- Funktionsmodell (Zwerchfellatmung, Spaltöffnungen, Katzenkralle, ...) wird gezeigt. Schüler versuchen zu erkennen, wie man das Modell „bedient". Sie beschreiben die Veränderungen und suchen das entsprechende Beispiel aus der Natur.

Beispiele:

1. Zwerchfellatmung (halbierte Plastikflasche, Strohhalm, Luftballons, Plastilin, Bindfaden)

Zieht man unten am Luftballon (Zwerchfell), füllen sich die beiden Luftballons (Lunge) in der Flasche mit Luft.

2. Öffnung der Spaltöffnungen durch Osmose

Ein Fahrradschlauch wird an zwei Enden abgebunden, dass sich die beiden normal mit Luft gefüllten Schlauchteile berühren (geschlossene Spaltöffnung). Pumpt man zusätzlich Luft in den Schlauch, bewegen sich die zwei Schlauchteile voneinander weg (offene Spaltöffnung).

Weitere Hinweise:

Erklären Sie den Schülern die Funktion eines Modells und weisen Sie auf dessen Nachteile hin bzw. lassen Sie die Schüler erarbeiten, was die Vor- und Nachteile des jeweiligen Modells sind.

Wissen über Umgang mit Versuchsmaterial

Material je nach Versuch

Durchführung:

- Lehrerversuch: Zeigen Sie gefährliche Versuche oder Versuche, bei denen nicht für alle Schüler ausreichend Material vorhanden ist, als Lehrerversuch.
- Wählen Sie Versuche, die in kurzer Zeit durchführbar und auswertbar sind, die zum Thema hinführen oder eine Frage aufwerfen, deren Lösung am Ende der Stunde überprüft werden kann.
- Schülerversuche am besten in Partner- oder Gruppenarbeit durchführen lassen.

Beispiele:

1. Thema Haut, Tastsinn: Die Schüler untersuchen, bei welcher Entfernung zweier Punkte die Haut diese noch als zwei Punkte erkennen kann. Material: aufgebogene Büroklammer, Lineal, Schal zum Augenverbinden; Partnerarbeit, getestet wird z. B. an den Fingerspitzen, am Handrücken, Oberarm oder Rücken

2. Thema Aufbau eines Pflanzenstängels: Stängel einer weißen Rose in der Mitte teilen. Einen Teil des Stängels in rotes Tintenwasser, den anderen in blaues Tintenwasser geben. Schüler vermuten, wie die Rose nach der Stunde aussieht, und begründen ihre Vermutung. Am Ende der Stunde wird das Ergebnis überprüft.

Weitere Hinweise:

Variante: Beginnen Sie die Stunde mit der Auswertung eines (Langzeit-)Versuches.

keine besonderen Voraussetzungen

ausgestopfte Tiere, Insektensammlungen, ..., Tuch

Durchführung:

- Lehrer versteckt ausgestopftes Tier unter einem Tuch.
- Schüler erraten anhand der Größe und Form, um welches Tier es sich handeln könnte.
- Tier wird gezeigt und Schüler berichten, was sie schon darüber wissen.

Beispiele:

1. Thema Raubtiere, Säugetiere: Luchs, Fuchs, Dachs, Wolf, ...
2. Thema Bestimmung von Vögeln: verschiedene Vogelarten
3. Thema Bestimmung/Kennzeichen von Insekten: Schmetterlinge, Käfer, Mücken, Fliegen, ...

Weitere Hinweise:

Vorteil: Die reale Größe und Farbe erlauben das genaue Bestimmen der Tierart. Details (Zähne, Krallen, ...) können in Ruhe betrachtet werden. Gut für Beobachtungs- und Bestimmungsaufträge in Gruppenarbeit.

Nachteil: Die Schüler dürfen die Präparate nicht berühren, die Verhaltensweise des Tieres ist nicht beobachtbar.

keine besonderen Voraussetzungen

originaler Gegenstand aus der Natur

Durchführung:

- Lehrer demonstriert einen originalen Gegenstand und gibt ihn dann durch die Schülerreihen.
- Schüler äußern Vermutungen/Fragen und sammeln Vorwissen.

Beispiele:

1. Schweinehaut (Aufbau der Haut)
2. Knochen (Skelett)
3. Schwinge einer Gans, Federn (Wie fliegen Vögel?)
4. Pflanzen, Wurzel, Obst, ...
5. Lunge, Herz vom Rind/Schwein
6. Rinde eines vom Borkenkäfer befallenen Baumes
7. Teile eines Wespennestes
8. Gewölle

Weitere Hinweise:

Originale Gegenstände sind für die Schüler immer interessant aufgrund

- der realistischen Größe,
- der Möglichkeit, das Objekt anzufassen (zu spüren, zu riechen),
- der besseren Vergleichsmöglichkeiten zwischen der Abbildung und dem realen Objekt.

Viele Dinge findet man in der Natur oder sie sind für wenig Geld zu erwerben.

keine besonderen Voraussetzungen

Fragebogen zur Stunde

Durchführung:

- Lehrer verteilt Fragebogen mit Multiple-Choice-Fragen zum Stundenthema an die Schüler.
- Schüler kreuzen die ihrer Meinung nach richtigen Antworten an und geben die Fragebögen dem Lehrer zurück.
- Am Ende der Stunde bekommen die Schüler ihren Fragebogen zurück und korrigieren ihn.
- Die Schüler berichten, was neu und interessant für sie war.

Beispiel:

Fragebogen zum Thema Aids

Weitere Hinweise:

Stellen Sie nur Fragen, die auch im Unterricht geklärt werden, auch Transferfragen sind möglich.

Lassen Sie die Schüler den Fragebogen am Ende der Stunde mit einer anderen Farbe korrigieren, damit ihnen deutlich wird, was sie nicht wussten und wie viel sie in der entsprechenden Stunde dazugelernt haben.

Besonders gut eignet sich diese Methode bei Themen, zu denen viel Halbwissen und Vorurteile kursieren.

5.6 Abstimmungskärtchen

Wissen zum aktuellen Thema, Grundwissen

pro Schüler ein grünes und ein rotes Kärtchen

Durchführung:

- Lehrer verteilt an jeden Schüler je ein rotes und ein grünes Kärtchen.
- Lehrer stellt Fragen zum aktuellen Thema oder zum Grundwissen.
- Schüler antworten mithilfe ihrer Kärtchen: rot = nein, grün = ja.
- Sollte sich herausstellen, dass einige Fragen noch nicht eindeutig für die Schüler zu beantworten sind, wird der nicht verstandene Stoff (zu dieser Frage) nochmals erklärt.

Weitere Hinweise:

Nur Fragen stellen, auf die man mit „ja" oder „nein" antworten kann!

5.7 Akrostichon

ca. 10 Min.

ab Kl. 5

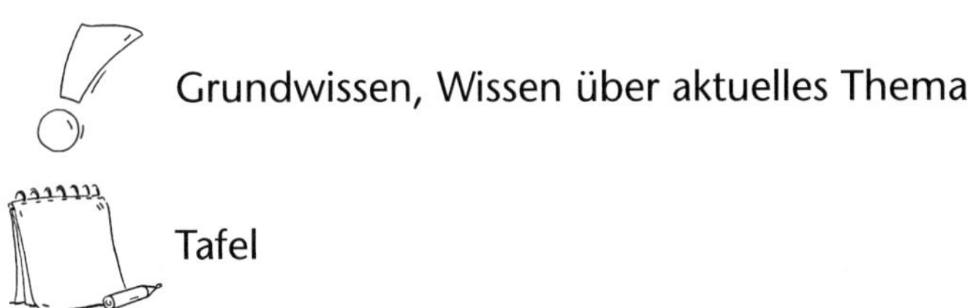

Grundwissen, Wissen über aktuelles Thema

Tafel

Durchführung:

- Lehrer schreibt einen Oberbegriff vertikal an die linke Seite der Tafel (zwischen den Buchstaben Platz lassen).
- Schüler finden weitere Begriffe, die zu diesem Oberbegriff passen und mit den Buchstaben beginnen, die an der Tafel stehen.
- Jeder Schüler schreibt seinen Begriff hinter den entsprechenden Buchstaben an die Tafel und erklärt, worum es sich dabei handelt.

Beispiel:

N: Nerven, Nervenenden
E: elektrischer Impuls
R: Rückenmark, Rezeptorstelle
V: Vorderhirn (Entwicklung)
E: Empfindung
N: Nervenzellen, Neuronen
S: synaptischer Spalt, Schädel
Y:
S: sympathisch, sensorisch
T: Thalamus, Tastsinn
E: Epilepsie
M: motorisch, Mikrotubuli, Membran

Weitere Hinweise:

Bereiten Sie selbst Begriffe vor, um im Notfall Tipps geben zu können.

Bei der Wahl des Oberbegriffs auf einfache Buchstaben achten (z. B. wird man für das **Y** im Beispiel schwerlich etwas finden).

Wichtige Begriffe, die zum Thema passen, aber fehlen, weil sie nicht mit dem „richtigen" Buchstaben anfangen, kann man im Anschluss abfragen.

Der Einstieg eignet sich besonders gut zur Wiederholung ganzer Sequenzen.

5.8 Cluster

ca. 10 Min. ab Kl. 5

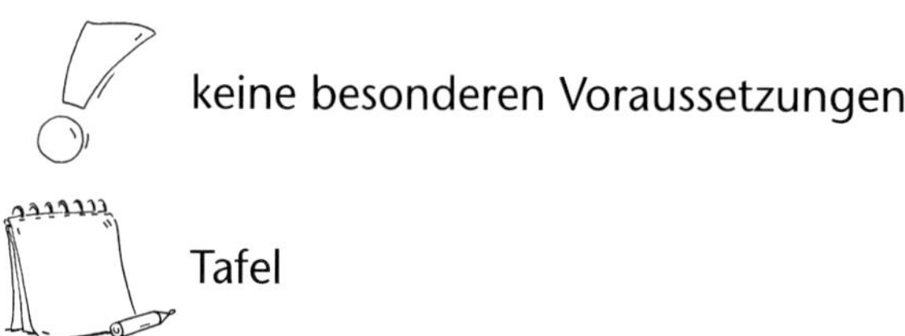

keine besonderen Voraussetzungen

Tafel

Durchführung:

- Lehrer schreibt einen zentralen Begriff in die Mitte der Tafel.
- Schüler nennen ihre Ideen dazu.
- Der Lehrer notiert und sortiert dabei die genannten Begriffe an der Tafel und vernetzt diese.

Beispiel:

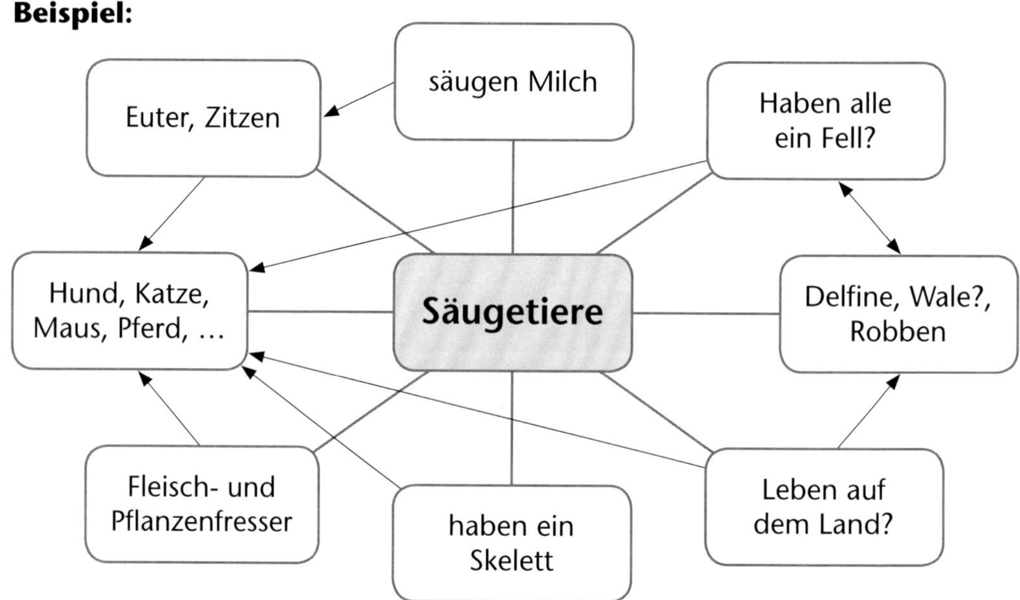

Weitere Hinweise:

Der Einstieg eignet sich gut, um Vorwissen der Schüler abzufragen und Vernetzungen bzw. offene Fragen bildlich darzustellen.

Auch „falsche" Ideen sind erlaubt, sie können spätestens am Ende der Stunde korrigiert werden.

Variante: Lassen Sie die Schüler in einer Folgestunde selbst ein Cluster erstellen. Dabei können Sie entweder Begriffe vorgeben (schwache Schüler) oder die Schüler auch ohne Vorgabe ein Plakat entwerfen lassen. Die Schüler verknüpfen so auf kreative Weise selbst noch einmal das Gelernte und erläutern es anschließend. Der Zeitaufwand hierfür ist natürlich entsprechend höher.

keine besonderen Voraussetzungen

Geste, Bild, Satz auf Folie, Gegenstand, …

Durchführung:

- Konfrontieren Sie die Schüler mit einem Bild, mit einer Geste, einem Satz auf Folie oder einem Gegenstand, ohne ein Wort zu sagen.
- Schüler äußern sich zu dem Gezeigten. Alle spontanen Ideen dazu sind erlaubt.
- Schüler rufen sich gegenseitig auf, sodass die ersten fünf Minuten der Stunde allein von den Schülern gestaltet werden.

Weitere Hinweise:

Die Schüler müssen sich langsam an den stummen Impuls gewöhnen. Manchmal hilft ein fragender Blick oder Achselzucken schon, um sie zu einer Antwort zu ermutigen.

Sicherheitshalber sollte man sich aber immer ein oder zwei Satzimpulse im Voraus überlegen, um im Notfall die Ideen der Schüler in die richtige Richtung zu lenken.

S. 7 Querschnitt © Verlagsarchiv

S. 8 Facettenauge © David L. Green [CC-BY-SA-3.0 (http://creativecommons.org/licenses/by-sa/3.0/)], via Wikimedia Commons

S. 9 Wolpertinger © By Rainer Zenz [CC-BY-SA-3.0 (http://creativecommons.org/licenses/by-sa/3.0/)], via Wikimedia Commons

S. 12 Zeichnung Gewässer © Verlagsarchiv

S. 31 Schuh ©Fotograf: Janek Pfeifer [CC BY-SA 3.0 (http://creativecommons.org/licenses/by-sa/3.0)], via Wikimedia Commons

Maßkrug © Bob-Kirkland-Fan-is-back [CC BY-SA 3.0 (http://creativecommons.org/licenses/by-sa/3.0)], via Wikimedia Commons

Hibiskus © Franz Winter aus der deutschsprachigen Wikipedia [CC BY-SA 3.0 (http://creativecommons.org/licenses/by-sa/3.0)], via Wikimedia Commons

S. 36 Schuppen © By kallerna [CC BY-SA 3.0 (http://creativecommons.org/licenses/by-sa/3.0)], via Wikimedia Commons

Kiemen © Ekthana marayok, shutterstock.com, Nr: 271702289

Schwimmblase © User:Uwe Gille [CC BY-SA 3.0 (http://creative-commons.org/licenses/by-sa/3.0)], via Wikimedia Commons